大侦探福尔摩斯

SHERLOCK HOLMES

数学太好玩了

加减乘除 超级读心术

厉河 / 编

U0310927

重庆出版集团 重庆出版社

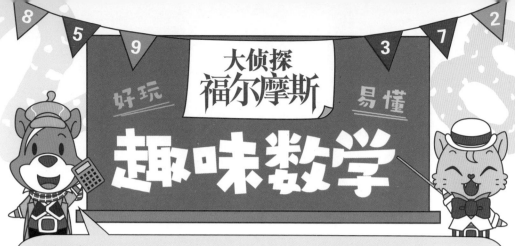

大侦探
福尔摩斯

好玩 易懂

趣味数学

大家查案要"大胆假设，小心求证"。
身为侦探，首先要仔细观察，如果掌握科学知识和数学逻辑，就会事半功倍！
我为少年侦探队量身设计了《数学太好玩了》，大家要好好阅读！

期待~

还记得吗？福尔摩斯先生帮我们的朋友讨回工钱（注1）*，也曾救过我（注2）*呢！

* 1请看"大侦探福尔摩斯"系列第21册《夺命的结晶》（数字的碎片）
* 2请看"大侦探福尔摩斯"系列第13册《智救李大猩》（智破炸弹案）

《数学太好玩了》参考小学数学的学习内容创作，共有六册，大家可按自己的能力，从任意一册读起。

这六册书没有深奥的数学理论和沉闷的说明，但有精彩的冒险故事、名人漫画和数学的生活应用，让大家可以轻轻松松掌握数学知识。

《加减乘除超级读心术》
《分数小数向你下战书》
《平面面积大变魔法》
《立体体积终极大挑战》
《度量衡冒险量世界》
《代数方程迎战 M 博士》

内容提要

六册书都有不同的有趣题材，教大家用数学应对日常生活所需，如购物和理财；也有轻松一下、激活大脑的智力题。另外，你还可制作数学游戏跟同学一起玩呢！

你知道吗？我们每天都活在数学中！

生活数学

在生活中，妙用数学帮你省钱省时，错过了会后悔！

理财数学

储蓄前想一想，用哪一种算法可以帮你积少成多！

魔法数学

用数学推算猜到你的想法！

漫画数学

看漫画，轻轻松松认识数学界名人！

数学趣话

不说不知道！数学符号、公式和理论诞生的故事。

数学冒险故事

用数学去闯关的冒险故事，十分刺激啊！

脑筋活动营

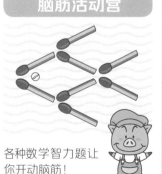

各种数学智力题让你开动脑筋！

DIY游戏工程

每册都有一款数学游戏棋，自己制作，多人同玩，一起提升数学能力！

每册书都会教你实用的"速算法"，可以运用在学校功课和测验中。最后，M博士会抛出一些应用练习题考验各位，这时就可以运用速算法了！

一起努力吧！

米希罗魔法学院

禁地里的巨狼睡醒了！

插图：KAI

夜深了，在世界首屈一指的魔法学校——米希罗魔法学院附近的森林里，出现两个高速移动的身影，这两个身影正是学院的同学。

跑在前面的金发男孩，是运动能力一流的纪律委员**马克**。后面的女孩有一头**乌黑亮丽**的长发，脸上架着一副眼镜，是班长兼学霸**莎贝拉**。

两人正追赶一只约有 1.5 米长的**拉莫蜥**。这只拉莫蜥被利箭刺伤了尾巴，流出大量**鲜血**。马克和莎贝拉路过看到，就想帮它**疗伤**。不过拉莫蜥很怕人，一见两人便跑。

两人尾随拉莫蜥，不知不觉跑进了禁地"**骷髅黑地**"。这里四周布满了骷髅骨架，气氛阴森恐怖，令人**不寒而栗**。

莎贝拉说："老师**千叮万嘱**，不准接近'骷髅黑地'，我们还是别追了，赶快离开吧！"

拉莫蜥正在往**草坡**上跑，速度明显减慢，马克见状，说："给我一分钟！我会尽快处理它的伤口，你在草坡下等我吧。"马克果然是运动天才，几秒钟就追上了拉莫蜥。

马克从暗袋中取出一支魔法杖，念出停顿咒语："**天停停，地停停，拉莫蜥给我停！**"一束金光从杖尖射出，击中拉莫蜥，令它完全停下来。

马克**小心翼翼**地拔出拉莫蜥身上的利箭，为它包扎伤口，然后轻挥魔法杖，解除咒语，好让拉莫蜥快快回家。

　　"隆隆……隆隆……"突然，草坡剧烈震动！马克失去
平衡，滚到草坡下，莎贝拉及时扶起了他。两人抬头一看，才发现刚刚
的草坡是一头睡得正香的**巨狼**！　刚睡醒的它缓缓站起，足足有 3 米
高，嘴角不停地淌着**垂液**，饥饿的目光紧紧地盯着马克和莎贝拉。

　　"吼！"巨狼向两人挥舞利爪！机灵的莎贝拉从地上抓起一把
沙，撒向它的眼睛，令它一时睁不开眼，然后拉着马克**拔足狂奔**。

　　两人摆脱了巨狼，却发现眼前是一个**深不见底**的深谷！

　　以马克的经验看来，这个**深谷宽约 20 米**。即使马克和莎贝拉尽全力跳，也只能分别跳 6 米和 4 米远。

　　幸好，马克身上准备了 4 颗魔法糖**跳跳豆**，每吃一颗跳跳豆，**跳跃力**可以在一分钟内变成原来的**2 倍**。马克说："我们每人吃两颗吧！那跳跃力就会变成 4 倍了！"

在不远处，巨狼凭着敏锐的嗅觉，确定了马克和莎贝拉的方位，快速地奔向他们。

巨狼的脚步声越来越近，**心急如焚**的马克正想吃下两颗跳跳豆，却被莎贝拉喝止：**"等一下！"**

"如果我们各吃两颗跳跳豆，你可以跳 $6 \times 2 \times 2 = 24$ 米，但我只能跳 $4 \times 2 \times 2 = 16$ 米。深谷宽 20 米，我跳不过去啊！"

"那现在该怎办？"马克**急得如热锅上的蚂蚁。**

"只要你吃掉全部四颗跳跳豆，然后背着我跳过对面就行了！"

　　话音刚落，巨狼已跃到两人后面，张开血盆大口向两人噬去。马克连忙吞下四颗跳跳豆，背起莎贝拉，**咬紧牙关**，奋力一**跳**！

　　马克跳得**又高又远**，最后在深谷的另一边着地，逃过了巨狼的袭击。

　　"我懂了！"马克恍然大悟，"我把四颗跳跳豆全部吃下，如果我一个人跳，就会跳出：$6 \times 2 \times 2 \times 2 \times 2 = 96$ 米。而你和我的体重相同，刚才我背着你一起跳，

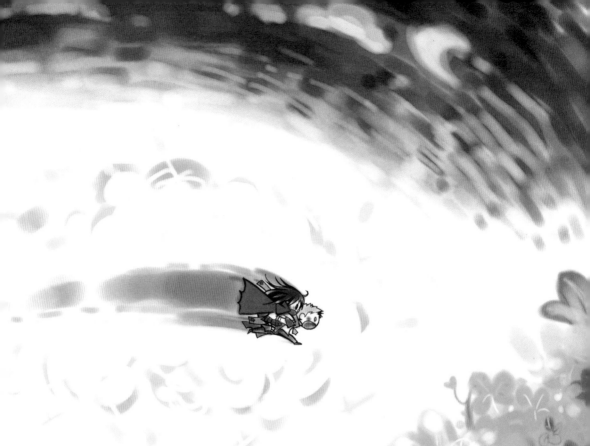

体重就变成 2 倍。因为我的跳跃力不变，也就是说我刚才跳了 $96 \div 2 = 48$ 米。哇！我竟然跳得这么远！"

莎贝拉补充说："一个数自乘一次叫作数的**平方**，如 3^2。而一个数自乘几次的计算方法就叫作**次方**，如 $3 \times 3 \times 3 \times 3$ 可以写成 3^4，读作 **3 的 4 次方**。'次方'会令数字急速**变大**，像你刚才跳远一样！"

马克开玩笑地说："下次运动会，如果我悄悄吃下几颗跳跳豆，再参加跳远比赛，一定能打破纪录了！"莎贝拉也一起笑着说："你这样做，不被取消资格才怪！"

跳跳豆的威力：次方

故事中的"跳跳豆"，吃一颗令跳跃力变 2 倍，吃四颗变 16 倍，和数学中的"次方"一样，数字自乘几次后，会急速变大，十分惊人。

$6 \times 2 \times 2 = 24$（米）

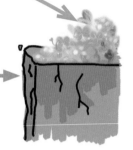

$4 \times 2 \times 2 = 16$（米）

20 米

马克和莎贝拉只能跳 6 米和 4 米。两人一跳，一定会跌进深谷。如果他们每人吃两颗跳跳豆，跳跃力会变成 4 倍，但莎贝拉仍跳不过深谷。

$6 \times 2 \times 2 \times 2 \times 2 = 96$（米）

马克吃 4 颗跳跳豆，在"次方"的连乘效果下，跳跃力变成 16 倍。如果他一个人跳，就能跳出 96 米！

$96 \div 2 = 48$（米）

不过，因为马克背着体重相同的莎贝拉一起跳，所以，他们只能跳出一半的距离即 48 米，但已足够跳过深谷了。

趣味计算运动

　　本章的几道智力题有别于一般的数学运算，一时不知道该如何解答？别放弃！福尔摩斯和同伴们会给你提示，只要勇于尝试，一定能找到答案！

活动一 骰子的背面

解难重点 计算 ＋ 观察

　　翻到本书第 61 页或第 63 页，制作并观察骰子。
请问以下数字背面的数的总和是多少？

答案在第 18 页

活动二 火柴的考验

解难重点 计算 + 想象

小兔子用火柴摆出了两道算式，但这两道算式都算错了。请在每道算式中各移动一根火柴，让两道算式都成立。

提示：移动火柴后，两道算式的第一个数字相同。

算式1

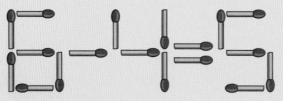

算式2

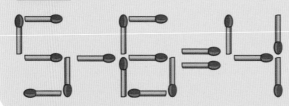

大家玩火柴好了，不要玩火呀。

活动三 拯救李大猩

解难重点 计算 + 观察

M博士把李大猩困在一个数字迷宫中了！在这个迷宫中，只有3的倍数的方格是安全的，其他全都有陷阱。你能带他安全抵达出口吗？

3	15	59	52	11	79	84	93	30	6	24	31
74	51	45	63	90	50	18	92	46	28	12	19
23	64	22	17	78	2	36	38	7	41	51	57
58	1	43	37	33	27	21	44	16	55	70	96
76	34	56	80	29	67	8	77	49	82	26	87
14	86	5	47	61	72	81	39	15	60	42	9
83	62	73	35	94	66	20	32	4	53	10	85
69	18	75	99	48	3	68	13	65	25	30	71

出口

＊不能斜着走！

活动四 沙漏的难题

解难重点 · 计算 + 分析

李大猩要花 3 分钟泡一碗方便面吃，恰巧时钟和手表都坏了，眼前有两个沙漏，一个 7 分钟，一个 11 分钟。他怎样才能计算出 3 分钟，把方便面泡得刚刚好呢？

提示 A：当 7 分钟沙漏走完，11 分钟沙漏还剩下 4 分钟。

你可以把 7 分钟沙漏倒转，多用一次。

提示 B：把沙漏想象成两道算式：11 − 7 = 4 和 7 − 4 = 3。

7 分钟沙漏

11 分钟沙漏

如果只用 7 分钟沙漏，当沙流了一半，就一定会超过 3 分钟。

泡得太久，面条就会过软，我要吃到口感完美的方便面，一定要刚好泡 3 分钟！

答案在第 18 页

答案

活动一

细心观察骰子，可发现1和6相对，5和2相对，3和4相对，所以各数字的**背面**如上。它们的总和是 6 + 2 + 5 + 1 + 4 = 18。

活动二

9 − 4 = 5
9 − 5 = 4

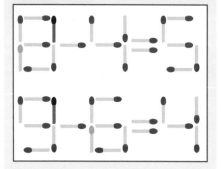

把灰色火柴移到蓝色火柴的位置，算式就能成立。

活动三

3	15	59	52	11	79	84	93	30	6	24	31
74	51	45	63	90	50	18	92	46	28	12	19
23	64	22	17	78	2	36	38	7	41	51	57
58	1	43	37	33	27	21	44	16	55	70	96
76	34	56	80	29	67	8	77	49	82	26	87
14	86	5	47	61	72	81	39	15	60	42	9
83	62	73	35	94	66	20	32	4	53	10	85
69	18	75	99	48	3	68	13	65	25	30	71

活动四　过了7分钟　过了11分钟

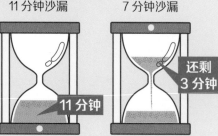

11分钟沙漏　7分钟沙漏　　11分钟沙漏　7分钟沙漏

还剩4分钟　　倒置　　　11分钟　还剩3分钟

两个沙漏同时开始计时，等7分钟沙漏走完时，倒置它。这时11分钟沙漏还剩4分钟。

11分钟沙漏余下的4分钟走完后，7分钟沙漏还剩3分钟，这时加热水泡面，就刚好泡3分钟。

身份证号码的秘密

姓名 爱丽丝

性别 女　民族 汉

出生 1997 年 11 月 4 日

住址 XX省XX市XX区XX街
道XX小区X栋X单元X号

公民身份号码 11010519971104002X

　　中国居民年满 16 周岁就可以申领身份证了，未满 16 周岁的可由监护人代为申领身份证。身份证是个人的身份证明，要妥善保管。

　　每个身份证上都有专属的身份证号，身份证号由 18 位数字组成，前 17 位是各种信息的代码，最后一位是"校验码"。这个"校验码"可是通过数学公式计算出来的。现在，我们就来了解身份证号码的秘密吧！

※本页身份证资料仅作教学用途，纯属虚构。

身份证的有效期因年龄段而异。未满16周岁的公民身份证有效期为5年，16—25周岁有效期为10年，26—45周岁有效期为20年，46周岁以上的为长期有效。

身份证号码 的 秘密

身份证上有姓名、出生年月、性别、照片、住址和身份证号等个人资料。身份证号是申请出生证明时生成的，这一号码会伴随我们一生，不会更改。

身份证号是一组组合码，由17位数字本体码和一位数字校验码组成。17位数字本体码中，包含了6位数字地址码、8位出生日期码和3位顺序码。

地址码代表公民户口所在地的行政区划代码。

出生日期码代表公民的出生年月日。

身份证号　示例

本体码　　　　　　**校验码**

110105　19971104　002　　X

地址码　出生日期码　顺序码

校验码用来验证本体码信息的正确性。

顺序码代表同一地址码所在范围内，同年、同月、同日出生的人的顺序，其中奇数代表男性，偶数代表女性。

◇◇◇◇◇◇◇◇ 身份证号中英文字母的含义 ◇◇◇◇◇◇◇◇

校验码是通过一系列计算得到的，可能是0—10这11个数字中的任意一个。但由于身份证号总共只有18位，因此，当校验码为10时，我们用字母X来代替。

◇◇◇◇◇◇◇◇ 其他生活中常见的校验码 ◇◇◇◇◇◇◇◇

除身份证外，国际标准书号、信用卡卡号及国际商品编码等都设有校验码，防止错误输入。

如何计算校验码

每一组 17 位的本体码只对应一个校验码。因此，只要代入下列算式计算出校验码，就知道身份证号是否正确。

序号为身份证号对应的顺序

序号	本体码 x 系数
1	__ × 7 = __
2	__ × 9 = __
3	__ × 10 = __
4	__ × 5 = __
5	__ × 8 = __
6	__ × 4 = __
7	__ × 2 = __
8	__ × 1 = __
9	__ × 6 = __

序号	本体码 x 系数
10	__ × 3 = __
11	__ × 7 = __
12	__ × 9 = __
13	__ × 10 = __
14	__ × 5 = __
15	__ × 8 = __
16	__ × 4 = __
17	__ × 2 = __
总数	= __

1. 将 17 位本体码数字按顺序分别乘以左侧表中的系数。

2. 将所得的乘积加起来，得到一个总数。

3. 将这个总数除以 11，得到商及余数。

4. 余数对应下表，找到对应的校验码即可。

校验码换算对照表

余数	0	1	2	3	4	5	6	7	8	9	10
校验码	1	0	10（X）	9	8	7	6	5	4	3	2

试着计算爱丽丝身份证号的校验码

序号	本体码 x 系数
1	1 × 7 = 7
2	1 × 9 = 9
3	0 × 10 = 0
4	1 × 5 = 5
5	0 × 8 = 0
6	5 × 4 = 20
7	1 × 2 = 2
8	9 × 1 = 9
9	9 × 6 = 54

序号	本体码 x 系数
10	7 × 3 = 21
11	1 × 7 = 7
12	1 × 9 = 9
13	0 × 10 = 0
14	4 × 5 = 20
15	0 × 8 = 0
16	0 × 4 = 0
17	2 × 2 = 4
总数	= 167

如果对应的校验码为 10，就写成 X。

步骤 1 将爱丽丝的身份证号的前 17 位数字分别填入对应的位置。

步骤 2 分别计算出这些数字与对应系数的乘积，将结果相加得出总数。

步骤 3 将总数（示例：167）除以 11，即 167÷11，得出商为 15，余数为 2。

步骤 4 在校验码换算表中找到余数 2 对应的校验码，是 10，写成 X。

明年生日是星期几？

一月	日	一	二	三	四	五	六
			1	2	3	4	5
	⑥	7	8	9	10	11	12
	13	14	15	16	17	18	19
	20	21	22	23	24	25	26
	27	28	29	30	31		

　　明年生日是星期几呢？大侦探福尔摩斯在小时候也想过这个问题，他渴望每年1月6日（他的生日）都是星期日，不用考试，能一整天看书、做实验和玩耍。

明年生日是星期几?

只要知道"今年"的生日是星期几,用除法和余数就能计算出明年生日是星期几!

看一看日历不就知道了吗?

我和福尔摩斯是在 1881 年初相识,下面就用 1881 年的生日做例子吧!

1881 年
一月
6
星期四

福尔摩斯在 1881 年的生日(1 月 6 日)是星期四,这年和下一年都是"平年",全年只有 365 天。

提示:星期四的 7 天后(一周后)仍是星期四,因此,思考重点应放在"周"。

先找出 365 天等于几周。365 除以 7,等于 52 余 1,可理解成"365 天等于 52 周加 1 天"。

$$365 \div 7 = 52 \cdots\cdots 1$$

周数

天数

因此,1881 年 1 月 6 日(星期四)的一年后即 52 周后加 1 天,要把星期四加 1 天,就是星期五。

如果想知道"去年生日是星期几",只要减 1 天就行了。

平年 ⊙ 闰年 1 年不止 365 天!

平年有 365 天,闰年有 366 天,多出来的一天分给天数最少的 2 月,因此,2 月在平年只有 28 天,在闰年有 29 天,多出的这一天就叫作闰日。

为什么闰年多一天?

地球绕太阳公转一圈,总时间约 365 天 5 小时 48 分,四舍五入,每年多出约 6 小时,6 小时 × 4 年 = 24 小时(即一天)。因此,每四年就会多出一天。

明年生日是星期几?

上页的算式是用 365 天来计算的，但闰年有 366 天，这个算式还可以用吗?

可以! 因为闰日是多出来的一天，因此，再多加 1 天就行。

只要你把算式的 365 天改成 366 天，就能验证我的说法。

如果今年生日到明年生日之间，跨过了 2 月 29 日，也能用上页的算式，但答案要多加 1 天闰日，即将今年生日"星期几"加 2 天。

我们和爱丽丝初结识在"大侦探福尔摩斯"系列第 12 册《颈上的齿痕》，故事发生在 1896 年*，刚好是闰年，下面就用 1896 年为例吧。

* 第 12 册没有描述日期，大家可以翻阅第 37 册《父亲的呼唤》寻找日期线索!

福尔摩斯在 1896 年的生日（1 月 6 日）是星期一，下个月就迎来"闰日"2 月 29 日，代表今年生日到明年生日之间有 366 天。

1896 年 1 月 6 日	1896 年 2 月 29 日	1897 年 1 月 6 日
生日	闰日 →	生日

1896 年 一月

6

星期一

用上页的算式，可算出 366 天等于 52 周加 2 天。

$$366 \div 7 = 52\cdots\cdots2$$

包含闰日　周数　天数

真的呢! 原来这么简单!

1896 年 1 月 6 日（星期一）的一年后，即 52 周后加 2 天，要把星期一加 2 天，就是星期三。

18 年后的生日是星期几？

一次计算这么多年，也能沿用之前的算式吗？

可以！来活用上一页的概念吧。

> **2022 年**
> **二月**
>
> **1**
>
> 星期二

假设有位同学在 2022 年 2 月 1 日（星期二）过生日，那么他 18 年后的生日，即 2040 年 2 月 1 日是星期几？

❶ 一年 365 天等于 52 周加 1 天。那么 2 年就要加 2 天，18 年就要加 18 天。

1 年 $365 \div 7 = 52 \cdots\cdots 1$

天数每年加 1，因为累积 18 年，所以加 18 天。

18 年 $\underset{\times 18}{365} \div \underset{\times 18}{7} = \underset{\times 18}{52 \cdots\cdots 1}$

嘿，可别混淆闰年和闰日啊！

❷ 跨过"闰日"要加 1 天。在未来的 18 年中，闰年有 2024、2028、2032、2036、2040 共 5 年，注意，他的生日在 2 月 29 日之前，没有跨过 2040 年的闰日，因此，只需加 4 天闰日。

18 年后

2022 年 2 月 1 日	2024 年	2028 年	2032 年	2036 年	2040 年 2 月 1 日	2040 年
生日	闰日	闰日	闰日	闰日	生日 …	闰日

算一算，多出来的天数（18 + 4）等于几周？

$$(18 + 4) \div 7 = 3 \cdots\cdots 1$$

❸ 答案是 3 余 1，可以理解成"3 周加 1 天"。因此，18 年后的生日要把星期二加 1 天，也就是星期三。

几天后、几天前是星期几?

应用前面的方法,就能计算"几天后"或"几天前"是星期几。

假设今天是星期五,如果想知道 100 天后星期几,就要用到右边的算式:

余数是 2,只要把星期五加上 2 天,就知道是星期日。

反过来,如果想知道 100 天前是星期几,就要把星期五减 2,即是星期三。

周数　天数

$$100 ÷ 7 = 14 \cdots\cdots 2$$

100 天前
−2

今天

100 天后
+2

星期三　　星期五　　星期日

华生,在前两页中,为什么你知道哪些年是闰年?

我是用除法计算出来的!

怎样知道哪一年是不是闰年?

如果年份能被 4 整除,但不能被 100 整除,那么这一年就是闰年。如果年份能被 100 整除,那么它也必须能被 400 整除,才是闰年。如 2000 年是闰年,但 1800 年和 1900 年都不是。

《颈上的齿痕》
故事发生
→
闰年
$$1896 ÷ 4 = 474$$

1881 是奇数,一看就知道不能被 4 整除!

福尔摩斯和
华生初相识
→
平年
$$1881 ÷ 4 = 470 \cdots\cdots 1$$

福尔摩斯
出生年份
→
平年
$$1854 ÷ 4 = 463 \cdots\cdots 2$$

要注意,就算是偶数也不一定能被 4 整除。

世界杯赛事

在"大侦探福尔摩斯"系列第17册*中，提到了用数学"淘汰理论"，侦破骗子用淘汰赛的节选法去行骗。

现在"淘汰理论"常用于竞技运动，你知道2022年世界杯（FIFA World Cup）决赛要进行多少场比赛吗？

*请看"大侦探福尔摩斯"第17册《纵火犯与女巫》（血的预言）

亚洲首次举办世界杯是2002年日韩世界杯，在日本足球博物馆，可以看到当年日本队队员围成一圈振奋士气的场面。

2022年国际足联 世界杯
FIFA World Cup Qatar 2022

相隔20年，2022年世界杯再次由亚洲国家举办，因亚洲某些地区夏天气温可高达50摄氏度，为保障球员健康，决赛改在2022年11月21日至12月18日举行。

进入 2022 年世界杯决赛的 32 支球队被分成 8 组，每组 4 队，进行单循环计分赛。最后选 16 支球队晋级淘汰赛，直至冠军队诞生。

小组赛的单循环制

假设英格兰、法国、巴西和意大利在分组抽签后，分到了同一组，那么，这四支球队将会进行的比赛如右图所示：

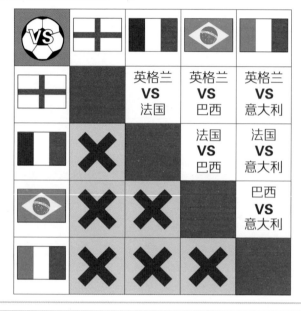

图例	
⬛	不适用
✖	比赛重复

优点 每队要跟同组队伍各比赛一次，计算整体成绩，避免输一场即出局。

缺点 比赛场数多，耗时长。

曾经有球队在小组赛失利，但最终夺冠了！

---

4 队一组单循环小组赛・组场数

参赛队 ×（参赛队 − 1）÷2 ＝ 单循环比赛每组场数

4 ×（4 − 1）÷2 　　＝ 6（场）

▼

32 队（4 队一组）单循环小组赛・总场数

单循环比赛每组场数 × 分组数 ＝ 单循环比赛总场数

6 × 8 　　＝ 48（场）

双循环制

决赛之前的"预选赛"采用双循环制，每队跟同组队伍在自己的球场（主场）和对方的球场（客场）各比赛一次，以上例子就是每组要进行 6 × 2 = 12 场比赛。

小组赛的同分

1994 年小组赛 E 组出现了史上首次全组同分！

自 1994 年起，世界杯决赛阶段的小组赛就启用了积分规则：胜 3 分、平 1 分、负 0 分，并沿用至今。不过，同届就发生了同组球队积分及净胜球都相同的罕有赛果。

积分规则

3 × 胜的场数 + 1 × 平的场数 + 0 × 负的场数

 巴西

3 战：2 胜 1 平 0 败

3×2 + 1×1 + 0×0 = 7（分）

 示例

出线排名	队伍	场数	胜	负	平	进球	失球	净胜球	积分
NO.1	墨西哥	3	1	1	1	3	3	0	4
NO.2	爱尔兰	3	1	1	1	2	2	0	4
NO.3	意大利	3	1	1	1	2	2	0	4
NO.4	挪威	3	1	1	1	1	1	0	4

同组内常出现队伍同分，这时，净胜球多的队伍胜出。

四队同分

3 战：1 胜 1 平 1 负

3×1 + 1×1 + 0×1 = 4（分）

净胜球　　进球 − 失球 = 净胜球

墨西哥	3 − 3 = 0	
爱尔兰	2 − 2 = 0	
挪威	1 − 1 = 0	

这次四队的净胜球也相同，那么就纯粹比较"进球的多少"，墨西哥以 3 球成为 E 组第一名。

积分、净胜球甚至进球三项都一样的爱尔兰及意大利怎么办？

小组赛

意大利　VS　爱尔兰

0 : 1

再看两队的小组赛结果，爱尔兰胜出，因此，爱尔兰位列第二，意大利位列第三。

在淘汰赛中，胜者晋级、败者出局。两队在 90 分钟内打平，会再加时比赛，继续平局则再以点球大战决胜。

十六强 的 淘汰制

在淘汰赛中，除冠军队外，其余队伍都被淘汰，因此，可速算出比赛场数将会是"参赛队伍数−1"。

参赛队伍数 − 1 ＝ 淘汰赛比赛场数
16 − 1 ＝ 15

半决赛中失败的队伍仍要参加"季军赛"，因此还有一次比赛。

冠军
决赛

季军

四强负队　　　四强负队

决赛
四强
八强
十六强

半决赛　　　　　　　　　　　半决赛

1/4 决赛　　1/4 决赛　　　　1/4 决赛　　1/4 决赛

A1 B2　C1 D2　E1 F2　G1 H2　B1 A2　D1 C2　F1 E2　H1 G2

A队 B队 C队 D队 E队 F队 G队 H队 Y队 Z队 K队 Q队

2022 年世界杯决赛阶段总共有 64 场比赛。

整个世界杯决赛阶段·赛事总数
小组赛场数 ＋ 淘汰赛场数 ＋ 季军赛
48 ＋ 15 ＋ 1 ＝ 64

大型赛事常先进行分组比赛，再进行比赛场数较少的淘汰赛。世界杯淘汰赛常安排小组赛某组第一名，对战其他组较弱的第二名，让强队更容易晋级。

2026 世界杯 新赛制

2026 年世界杯决赛阶段的小组赛名额增至 48 队，分成 16 组（每组 3 队），最后取每组前两名晋级，即 32 队进行淘汰赛。在这一新赛制下，总共要进行 80 场比赛。

揭秘公交卡

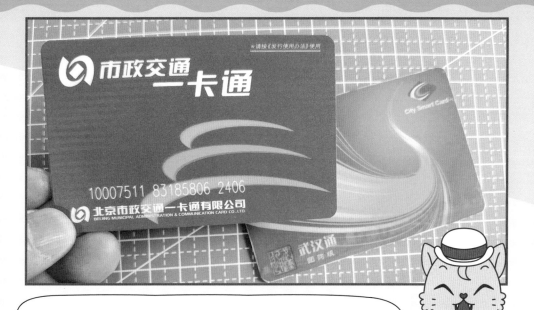

公交卡是一种非接触式的IC卡，我们乘坐公交、地铁等各种公共交通工具时，可以用它来缴纳交通费或在商店消费。有些公交卡还融合了银行卡、社保卡等各种功能，非常便利。

公交卡一般为实体卡，有可退押金的普通卡，不可退押金的个性化卡和纪念卡，还有供特殊群体使用的专用卡，如学生卡、老年卡等。随着技术的发展，有些公交卡还衍生出了虚拟卡，只需在智能设备上开通虚拟卡功能，就可以实现和实体卡同样的功能了。

乘坐交通工具

公交卡

商店消费

银行卡、社保卡等各种联名卡

公交卡技术

公交卡通常呈圆角矩形，长约8.5cm，宽约5.4cm。

天线 公交卡的边缘内置了天线，用于接收读卡机发出的信号。

公交卡内置天线和芯片，当卡片被弯曲或切割时，容易损坏，造成卡片失效。

芯片 公交卡的中间内置了芯片，用于储存信息。

注：以上结构图仅供参考。

公交卡的电子收费系统

公共交通运营企业及商店会通过各自的系统，集合顾客消费及充值资料后，传送到公交卡结算系统核实并进行结算。

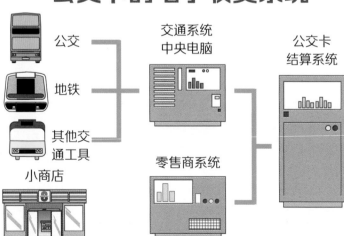

公交

地铁

其他交通工具

小商店

交通系统
中央电脑

零售商系统

公交卡
结算系统

公交卡的四则计算 先乘除 后加减

我们每次刷公交卡消费或充值时，可通过读卡机得知卡内余额。爱丽丝每天上学至回家，需要乘公交车往返，以及到便利店购买早餐，假设她的公交卡余额为 20 元，这次她充值 100 元，卡内余额可供她使用多少天呢？

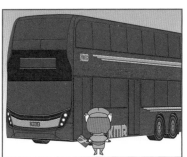

$$\frac{充值后余额}{每日上学消费} \longrightarrow \frac{20（余额）+ 100（充值）}{5 × 2（乘公交往返）+ 10（早餐）}$$

$$充值后可用天数 = \frac{120（卡值）}{20（每日上学消费）} = 6（天）$$

先算括号内算式 用括号来区分计算先后

房东太太与爱丽丝一起到超市买食材，消费 168 元，房东太太付了 200 元，并将剩下的钱充到了爱丽丝的公交卡（余额 20 元）中，最后爱丽丝的公交卡余额是多少？

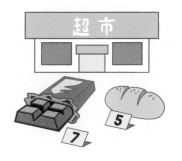

```
20  +  （ 200 － 168 ）
余额     现金付款     消费

20  +  32          =  52
余额     找零   ⟶  充值后的余额
```

公交卡的正与负

正数指大于 0 的数字，如 0.1 > 0，2 > 0；

负数指小于 0 的数字，如 −0.1 < 0，−2 < 0；

0（零）是特别数字，不是正数，也不是负数。

有的公交卡可以"透支"。也就是说，当公交卡的余额仍是正数（大于 0），但不足以支付下一次交易时，只要交易后欠费不超过一定额度（不同公交卡可透支的额度不同），仍可以刷卡交易。

当公交卡的余额为 0 或负数时，将无法使用，直至卡主充值为正数后，才可以继续使用。

以最高可透支 8 元的上海公交卡为例，如果李大猩的公交卡不能自动充值，那么，同样是付 9 元的车票，能否使用公交卡要视卡上的余额而定。

可以！ 2.2（余额）−9（车票）= −6.8

6.8 < 8

不可以！ 0.2（余额）−9（车票）= −8.8

8.8 > 8

计算退款

华生打算退回一张不再使用的公交卡，他能退回多少钱？

押金和手续费

普通公交卡退卡时，通常会被收取一定的手续费。租用版的公交卡还会按月收取租金，因此，退卡时，还需扣除这部分费用。纪念卡和个性化卡一般都不能退卡。

以武汉通为例，退还一张使用了 5 个月的租用版普通公交卡（没有损毁）：

50（余额）+20（押金）−0.4（每月租金）× 5 −2（手续费）=66（元）

谨慎退卡

①当卡片有损毁时，退卡会收取一定的成本费。

②卡内余额较多时，需要去特定的服务点才能退卡。

③使用公交卡乘坐交通工具通常有优惠，退卡后将不再享受相应的优惠。

加减乘除读心术

  M博士自称有神秘力量，可以用读心术看穿别人的想法，你们相信吗？来看看他这次的把戏是什么吧！

❶ 把这个数加上 1。

$$12 + 1 = 13$$

❷ 把答案乘以 2。

$$13 × 2 = 26$$

❸ 把答案加上 4。

$$26 + 4 = 30$$

❹ 把答案除以 2。

$$30 ÷ 2 = 15$$

❺ 用答案减去最初写的那个数字。

$$15 - 12 = 3$$

只要明白背后的数学原理，谁都可以玩这种"魔术"。

你得出的答案是 3！对不对？

猜对了！难道 M 博士真的能读心？

无论写下的是什么数字，只要按照❶至❺的步骤计算，最终答案一定是 3。下面配合简单的算式，逐步剖析：

每个人选择的数字都不同，本页用 代表这个数字。

读心术步骤	换成算式

❶ 把这个数字加上 1。

$$? + 1$$

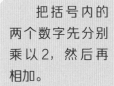
把括号内的两个数字先分别乘以 2，然后再相加。

❷ 把答案乘以 2。

$$(? + 1) \times 2$$
$$= ? \times 2 + 1 \times 2$$
$$= 2 \times ? + 2$$

❸ 把答案加上 4。

$$2 \times ? + 2 + 4$$
$$= 2 \times ? + 6$$

跟步骤❷的"×2"一样：把括号内的加数分别除以 2，再把得数相加。

❹ 把答案除以 2。

$$(2 \times ? + 6) \div 2$$
$$= 2 \times ? \div 2 + 6 \div 2$$
$$= ? \times 2 \div 2 + 3$$
$$= ? + 3$$

将 2× ? 改写成 ? ×2，"×2"和"÷2"可以抵消，简化计算。

❺ 用答案减去最初写的那个数字。

$$? + 3 - ?$$

原来如此！
难怪最终答案一定是 3！

挑战趣味智力题

看完一堆算式，会不会感到头昏脑涨？来玩玩智力题，帮大脑放松一下，突破数字的框架吧！别让算式限制了你的逻辑思维！

活动一 一年的中心

解难重点 计算 ＋ 分析

平年有 365 天，有一天位于全年的正中间，那一天是几月几日？看看家中的月历，数一数！

几月几日
？

提示：
1 至 9 的正中间是 5，可以想象成：
$(1 + 9) \div 2 = 5$

答案在第 42 页

活动二
打开神秘礼物盒

爱丽丝，我送你一份礼物，但你要答对问题，才能打开！

礼物盒上有一个空白的圆形图，要填上正确的颜色，才能打开盒子。

请根据图A中3个圆形图的色块变化，猜出接下来的红色和橙色分别在哪一格。

嘻，这怎么会难倒本小姐？

提示：
红色色块向顺时针方向移动，橙色色块向逆时针方向移动。

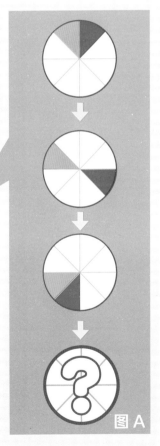

图A

答案在第 42 页

39

活动三 数字密码锁

M博士把狐格森关在一个牢房中，只有输入正确的密码，才能开门救人，门锁密码是abc，试根据M博士留下的竖式加法，找出abc分别代表什么数字。

$$
\begin{array}{r}
1a2cb \\
+\ 12ac4 \\
\hline
27890
\end{array}
$$

活动四 小兔子买雪糕

 解难重点 推理 + 分析

小兔子、爱丽丝和李大猩一起去买雪糕，店内只剩下草莓和巧克力两种味道的雪糕，根据下面的3条线索，你猜猜他们各自买了什么味道的雪糕。

线索 ①

如果小兔子买了巧克力味，爱丽丝就会买草莓味。

巧克力味　　　　　草莓味

线索 ②

小兔子和李大猩不会同时都买巧克力味。

线索 ③

爱丽丝和李大猩不会同时都买草莓味。

答案在第42页

活动五 夺宝奇兵

福尔摩斯利用钻石探测器，发现有一粒巨大的钻石藏在胶管中，两端都是出口。钻石两旁各有 3 个炸弹，炸弹一旦离开胶管就会爆炸。

在不剪开胶管的情况下，福尔摩斯怎样才能把钻石拿出来呢？

提示：
胶管十分柔软，只要同时拿起两端，就能弯曲成圆形。

活动六 火柴阵

火柴阵内有一颗糖果。在不改变火柴阵形状的情况下，你能否只移动 2 根火柴，就把糖果移到火柴阵以外？

提示：
轻轻平移其中一根火柴，再移动另一根，就能让"Y"字形的火柴阵上下颠倒。

答案在第 42 页

答案

活动一

1 至 365 天的正中间是（1 + 365）÷ 2 = 第 183 天，从 1 月起按顺序减去每月的天数，就能计算出答案是 7 月 2 日。

活动二

红黄色块分别按一定的规律移动：红色色块每次顺时针移动 2 格，橙色色块每次逆时针移动 1 格。

因此，第 4 个圆形图的红黄色块位置如下：

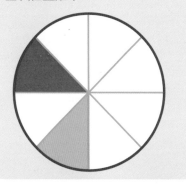

活动三

密码 569

密码是 569，a=5，b=6，c=9。

活动四

分别假设小兔子买巧克力味或草莓味的雪糕，再根据 3 条线索去推算，就知道：小兔子点了草莓味，爱丽丝和李大猩都点了巧克力味。

活动五

将胶管围成一个封闭的圆形，就能慢慢把钻石移动至出口。

活动六

将灰色位置的火柴移到蓝色的位置即可。

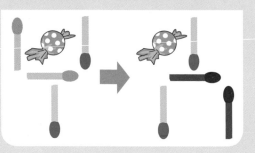

学习记账·储蓄之道

妈妈给我零用钱和收支表，叮嘱我要记下收入与支出。最初我觉得很麻烦，后来明白妈妈是在教我如何用钱，用心良苦。

有了收支表，她知道你的零用钱去向，彼此建立了信任基础，妈妈就会乐意继续给你零用钱了！

记账的好处

小时候，妈妈教我要用收支表或收支簿记账，除了妈妈可以随时查阅外，我也可定期检讨哪里太浪费，方便更好地预算。我向妈妈要求增加零用钱时也有依据了！

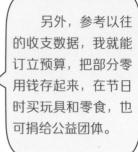

另外，参考以往的收支数据，我就能订立预算，把部分零用钱存起来，在节日时买玩具和零食，也可捐给公益团体。

一起学记账

现在大人多用手机记账应用程序记录开支，对纸质记账簿的需求大大减少，因此，纸质版记账本已不太常见。其实大家可自制儿童版收支表，能记录下列数据即可。

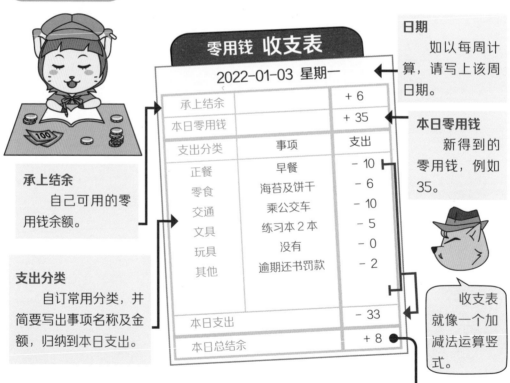

零用钱 收支表

2022-01-03 星期一

承上结余		+ 6
本日零用钱		+ 35
支出分类	事项	支出
正餐	早餐	− 10
零食	海苔及饼干	− 6
交通	乘公交车	− 10
文具	练习本 2 本	− 5
玩具	没有	− 0
其他	逾期还书罚款	− 2
本日支出		− 33
本日总结余		+ 8

日期

如以每周计算，请写上该周日期。

本日零用钱

新得到的零用钱，例如 35。

承上结余

自己可用的零用钱余额。

支出分类

自订常用分类，并简要写出事项名称及金额，归纳到本日支出。

收支表就像一个加减法运算竖式。

承上结余 +（本日零用钱 − 本日支出）= 本日总结余

用本日零用钱减去本日支出，就知道今天是节省了还是用超了。再加承上结余，就知道手上还剩多少零用钱。

看收支 懂理财

合理增加零用钱！

　　妈妈从每日收支表发现必要支出增加，如交通费或餐费，如果不能减少其他支出，就会给我多一点零用钱。

零用钱 收支表

2022-01-04 星期二

承上结余	2022-01-03		+ 8
本日零用钱			+ 35
支出分类	事项		支出
正餐	早餐		− 10
零食	海苔		− 1
交通	乘公交车		− 10
文具	没有		− 0
玩具	小礼物		− 20
其他	慈善捐款		− 1
本日支出			− 42
本日总结余			+ 1

分配零用

　　虽然今天和星期一相比，狐格森省去购买文具和零食的开支，但仍然入不敷出（超支）：

$$35（零用）- 42（支出）$$
$$= - 7（负数）$$

动用储蓄

　　狐格森因为本日零用钱不足以支付本日支出，所以动用了前日的结余（储蓄），结果本日总结余只剩1元。

　　你花了 20 元购买小礼物，因此今日才超支的！真的有必要买小礼物吗？

　　其实这是我感谢妈妈的小礼物！所以我动用了前日结余，明天会像星期一那样维持"收支平衡"的。

公交卡 与 现金

　　有时，如果没有零钱或忘带现金，我们可以刷公交卡来代替现金支付。

　　但是，并不是所有的商户都支持公交卡支付，而且，公交卡中一般不会充值过高金额（大部分公交卡都是无记名卡，遗失不补），因此，还是随身携带少量现金更为稳妥。

下一页
大侦探福尔摩斯·收支表

当公交卡余额所剩无几时，狐格森凭此收支表，要求爸爸为公交卡充值便合情合理。

优秀的理财者绝非守财奴，也不乱花钱，订一个消费目标，就比较容易把钱用在合适的地方。

狐格森 的收支表　日期　12/07-12/11

参考类别　　A 交通　B 学习用具　C 餐费　D 零食　　E 玩具　F 阅读　H 其他

日期	类别	项目	收入		支出		结余	
			公交卡	现金	公交卡	现金	公交卡	现金
		上周结余	--	--	--	--	10	50
12/07	H	爸爸给公交卡充值	100				110	
12/07	C	午餐				20		30
12/07	H	帮妈妈买面包				30		0
12/07	A	乘地铁上下学			8		102	
12/08	H	爷爷奖励零用钱		20				20
12/08	E	买扭蛋				10		10

狐格森帮妈妈购物后，记录在收支表中，方便查账，妈妈便不会误会我"突然"用了很多钱。

合计

本期消费目标
吃到一餐铁板羊架 98 元
跳舞游戏软件 200 元
去儿童乐园玩一天
儿童入场门票 200 元

本周

公交卡结余　　现金结余

银行

公交卡结余　　现金结余

订立消费目标

每月订下消费目标，就可以预估节省多少钱，尽快达成心愿！

项目	内容	心情	评估	决定
1	铁板羊架	吃不到也可	A 店 98 元　昂贵！ B 店 128 元	改吃盒饭
2	跳舞游戏软件	想玩	A 店 200 元 跟朋友交换免费	跟朋友交换
3	儿童乐园门票	非常期待！	网上订票 200 元 现场购票 280 元	全力省钱· 去儿童乐园！

＿＿＿＿＿＿ 的收支表 日期 ＿＿＿＿＿＿

参考类别 A 交通 / B 文具 / C 餐费 / D 零食
E 玩具 / F 阅读 / G 其他

日期	类别	项目	收入		支出		结余	
			公交卡	现金	公交卡	现金	公交卡	现金
		上周结余						
合计								

本期消费目标

本周

100

公交卡结余

银行

现金结余

____ 月的消费目标

谨慎理财!

项目	内容	心情	评估	决定
1	例:模型	A 最想拥有! B 有就高兴了 C 无所谓	A B 其他	A 尽快拥有 B 存钱 C 以后再说
2		A 最想拥有! B 有就高兴了 C 无所谓	A B 其他	A 尽快拥有 B 存钱 C 以后再说
3		A 最想拥有! B 有就高兴了 C 无所谓	A B 其他	A 尽快拥有 B 存钱 C 以后再说
4		A 最想拥有! B 有就高兴了 C 无所谓	A B 其他	A 尽快拥有 B 存钱 C 以后再说
5		A 最想拥有! B 有就高兴了 C 无所谓	A B 其他	A 尽快拥有 B 存钱 C 以后再说

申请儿童银行卡

储蓄/存款

当零用钱越存越多或收到大笔压岁钱时,大家可以考虑和家长一起到银行申请一张儿童银行卡,把钱存起来。

"小莫小于水滴,汇成大海汪洋;细莫细于沙粒,聚成大地四方。"这首歌曲就是一首储蓄歌。

儿童储蓄账户

儿童银行卡是为年龄不满十六周岁的儿童设立的。卡面通常是可爱的卡通角色或可个性定制。和成人账户相比,儿童账户功能单一,一般只有存取款、转账、消费等基础功能。

大家可以申请一张儿童银行卡,体验存款和派息等银行业务。派息的概念可参考本系列的《分数小数向你下战书》分册。

＋－×÷是谁发明的？

　　文字是慢慢发展出来的，数学符号也一样。当初，数学家用文字表达＋－×÷的概念，他们大量计算，就要大量写"加""等于"等文字，这样很麻烦，于是他们创造出数学符号，表达运算的概念。

49

＋与－的起源

据说，早在 15 世纪，人们最先用 p 和 m 代表加和减，它们是**拉丁文** plus（加）及 minus（减）的缩写，例如：`2p3` 的意思是 2 ＋ 3，`9m8` 的意思是 9 － 8。

不久之后，商人将"＋"和"－"刻在货箱上，代表该箱比标准更重或更轻。**文艺复兴**时期，意大利艺术家**达·芬奇**（1452—1519）也曾在作品中使用"＋"和"－"号。

＋与－正式跻身数学界

这对符号首次出现在数学领域是在 1489 年，德国数学家**魏德曼**（1460—1498）在他所著的数学书中，使用"＋"与"－"分别表示加和减，并应用在**利润**和**亏损**的话题上。

自此，各地数学家都觉得这对符号很方便。在法国数学家**韦达**（1540—1603）的大力宣传和提倡下，"＋"与"－"在 1603 年成为**公认**的数学符号。

魏德曼　德国数学家

×的创造

"×"由英国数学家**奥特雷德**（约 1574—1660）发明。他喜爱创造数学符号，在 1631 年的著作《**数学三钥**》中首次用"×"表示乘法。

奥特雷德　英国数学家

÷ 的诞生

中世纪的阿拉伯，数学的研究水平相当高，如数学家花剌子米（约780—约850）把"2除以3"写成 2/3 或 $\frac{2}{3}$，分数也是由此而来。

符号"÷"的诞生有以下两种说法：

❶ 在 1630 年，由英国数学家约翰·佩尔（1611—1685）在著作中初次使用，有人猜测这个"÷"是由阿拉伯人的除号"—"和比例记号"："合并而成的。

❷ 在 1659 年，由瑞士数学家雷恩（1622—1676）首次使用，因此，也有人称"÷"号为雷恩记号。

古希腊人和印度人都很热爱数学呢！

中国古代的数学也很厉害，祖冲之的"圆周率"计算法影响深远！

你们别忘了我啊！

= 的由来

英国数学家雷科德（约1510—1558）在1557年的著作《砺智石》记述他厌烦工作时反复书写"is equalle to"（等于），便用"="代替，他在书中指出，两条等长的平行线最能表示相等的意思。"="这个符号直到18世纪才普及。

四则运算桌上游戏

　　这个 DIY 算术游戏规则简明，同时结合了娱乐和竞技元素。游戏只须用加、减、乘、除来计算，计算的数字都在 100 以内。只要善用技巧和策略，再加上运气，就不难胜出。

　　我们为大家介绍了四种玩法，快来动手制作，体验计算的乐趣吧！

材料

本书提供的
纸样

自备剪刀

自备胶水

制作方法

制作时间：40 至 60 分钟　难度：★★★☆☆

游戏板

游戏板（右）

游戏板（左）

1 剪下游戏板纸样。

2 在游戏板（右）的粘贴处涂上胶水，然后把左右两张游戏板纸样粘贴在一起（如上图）。

骰子

沿纸样剪下，然后沿虚线向外折，涂胶水粘好。

颜色卡

沿纸样剪下即可。

旗帜卡

沿纸样剪下，然后沿虚线向外折便成。

下一页
游戏规则

完成！

53

四大有趣玩法

玩法一 争分夺冠 〔2至4人玩〕

利用4颗骰子及加减乘除，随意计算出100以内的数字，数字越大，得分越高，累积最高分者获胜。

步骤 1
游戏开始！
玩家先挑选一种颜色卡，然后轮流掷出4颗骰子。利用掷出的点数，随意用加、减、乘、除，计算出游戏板上的数字。

用除法时，要确保数字可除尽。你还可以用括号计算，其他三种玩法也可依照这些规则。

例如，掷出2、3、4、6

$$6 \times 3 \div 2 - 4 = 5$$
$$2 + 3 + 4 + 6 = 15$$
$$(6 + 3) \times 4 \times 2 = 72$$

步骤 2
计算出来的数字，就是玩家取得的分数。

例 $(6 + 3) \times 4 \times 2 = 72$

步骤 3
玩家在该"数字"位置上，摆放自己的颜色卡表示占据和得分，可在同一数字上多次得分；但不能在对手占据的数字位置得分。

终极对战！

步骤 4
当所有玩家的10张颜色卡全都放在游戏板上时，计算各自的总分，最高分者胜出。

狐格森	分数
61 91 28 59 23	
78 80 23 96 10	

549

李大猩	分数
72 72 19 48 31	
65 99 100 21 52	

胜利！ **579**

54

玩法 二 运算轮流转 2至4人玩

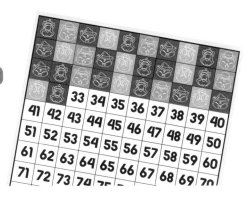

		33	34	35	36	37	38	39	40
41	42	43	44	45	46	47	48	49	50
51	52	53	54	55	56	57	58	59	60
61	62	63	64	65	66	67	68	69	70
71	72	73	74						

由1开始顺序轮流计算，如果玩家 A 算不出正确数字，就转由玩家 B 计算。

要把握每次计算机会，尽快用完手上所有颜色卡，争取胜利！

步骤 1 众玩家各选颜色卡，然后轮流掷出 4 颗骰子。假设 3 人对战，玩家 A 掷出点数后，随意用加、减、乘、除算出 1，然后把自己的颜色卡放在游戏板上占位。

步骤 2 之后玩家 B 掷骰子，随意用加、减、乘、除计算出 2，再把自己的颜色卡放在游戏板上，玩家 C 要算出 3，接着又轮到玩家 A，要算出 4，以此类推。

步骤 3 如果有玩家算不出自己的数字，可以说"过"（Pass），计算权自动转到下一位玩家，该玩家可直接算出答案或重新掷骰子计算。计算权可以一直转移，直至有玩家算出为止。

在纸卡游戏中，"过"（Pass）就表示"放弃该回出卡机会"的意思。

◇◆·◇ 示例 ◇·◆◇

李大猩掷骰后未能计算出 16，他说"过"，计算权转移到狐格森。狐格森同样算不出，他说"过"，计算权再转移到华生，以此类推，直至有玩家算出答案为止。

计算权转移

我算出来了！

过

16

过

计算权转移

步骤 4 最先用完手上 10 张颜色卡的人就是胜利者。

高级玩法 熟悉了玩法之后，可以试试从大一点的数字开始这个游戏，如 11、21、31、…

三 围城攻略 2人玩

福尔摩斯对战狐格森：他们各自用4张颜色卡围着1个数字，建立领土，数字越大，得分越高，累积最高分者获胜。

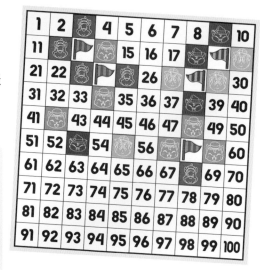

步骤 1

  × 10

 × 10

 × 5

福尔摩斯挑选红色和橙色的颜色卡各10张，以及5张橙红色旗帜卡。

 × 10

 × 10

 × 5

狐格森挑选蓝色和绿色的颜色卡各10张，以及5张蓝绿色旗帜卡。

步骤 2

然后轮流掷出4颗骰子，利用掷出的点数，随意用加、减、乘、除，计算游戏板上的数字。

旗帜卡终于派上用场了！

步骤 3

福尔摩斯用4张颜色卡包围1个数字，就把自己的旗帜卡放在该数字上，形成"十字形"领土，并取得中央数字（得分），数字越大，得分越高。

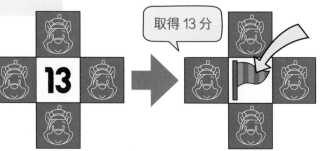

取得13分

步骤 4

当双方的20张颜色卡全都放在游戏板上后，即可计算自己领土的总分数，最高分者胜出。

旗帜

围城方法及摆放规则

围城方法一览

正确示例

右侧 2 种方法，让数字的四边全被包围，就能变成自己的领土。连续十字形的围城方法还节省了不少颜色卡呢！

十字形　　　　**连续十字形**

错误示例　　数字只有两边或三边被包围，都不能变成领土。

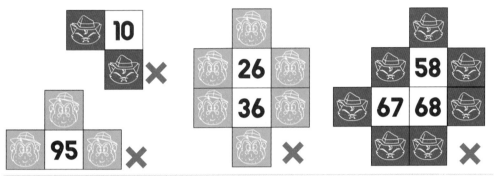

颜色卡和旗帜卡的摆放规则

以福尔摩斯对战狐格森为例

规则 1　狐格森不能把颜色卡和旗帜卡放在福尔摩斯占据的位置上。

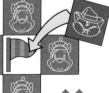

规则 2　吃掉对方的卡？
叠放旗帜卡的例外方法：

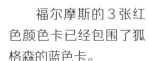

福尔摩斯的 3 张红色颜色卡已经包围了狐格森的蓝色卡。

那么，当福尔摩斯放下第 4 张红色卡，完全包围蓝色卡时，福尔摩斯可用旗帜卡叠放在蓝色卡上占据该位置，建立自己的"十字形"领土。

玩法 四 运算四连 2至4人玩

轮流掷骰子计算，谁最快让四个数字相连，形成四连，谁就是胜利者！

步骤 1 各玩家都选一种颜色卡，然后轮流掷出 4 颗骰子，并用加、减、乘、除，计算出游戏板上自己喜欢或有利的数字。

步骤 2 以横、竖、斜的方式，最快让 4 个数字相连的玩家即胜出！

1	2	3	4	5	6	7	8	9	10
11	12	13	14	15	16	17	18		20
21					26	27		29	30
31	32	33	34	35	36		38	39	40
41	42	43	44	45		47	48	49	50
51	52	53	54	55	56	57	58	59	60
61	62		64	65		67	68	69	70
71	72		74	75	76		78	79	80
81	82		84	85	86	87		89	90
91	92		94	95	96	97	98		100

四连的范例

12		14	15
22		24	25
32		34	35
42		44	45

竖排 ✔

42	43	44	45
62	63	64	65
72	73	74	75

横排 ✔

	28	29	30
37		39	40
47	48		50
57	58	59	

斜排 ✔

65	66	67	
75	76		78
85		87	88
	96	97	98

斜排 ✔

五连、六连、七连等也可胜出！

14	15	16	17	18	19
24	25	26	27	28	29
34					
44	45	46	47	48	49
54	55	56	57	58	59
64	65	66	67	68	69

五连 ✔

	42	43	44	45	46
51		53	54	55	56
61	62		64	65	66
71	72	73		75	76
81	82	83	84		86
91	92	93	94	95	

六连 ✔

> 在这个游戏中能否取胜全靠运气，情况较差时，就会算不出想要的数字。

 大家可以举一反三，自创更多玩法和游戏规则！

颜色卡

旗帜卡

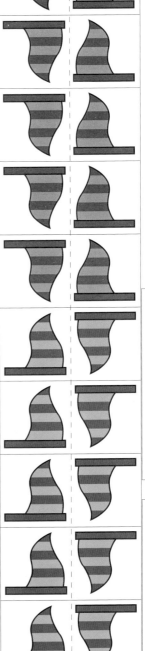

请沿虚线向外折

沿实线剪下

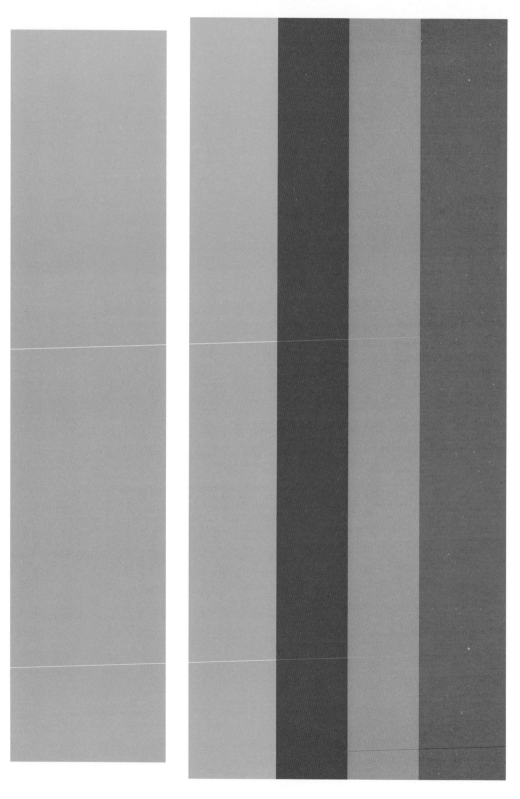

1	2	3	4	5
11	12	13	14	15
21	22	23	24	25
31	32	33	34	35
41	42	43	44	45
51	52	53	54	55
61	62	63	64	65
71	72	73	74	75
81	82	83	84	85
91	92	93	94	95

游戏板（左）

骰子

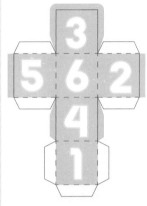

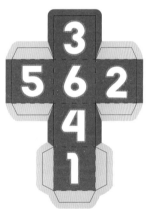

- - - - - -
请沿虚线向外折

骰子沿黑色
实线剪下

游戏板沿红色
实线剪下

粘贴处

6	7	8	9	10
16	17	18	19	20
26	27	28	29	30
36	37	38	39	40
46	47	48	49	50
56	57	58	59	60
66	67	68	69	70
76	77	78	79	80
86	87	88	89	90
96	97	98	99	100

粘贴处

游戏板
（右）

骰子

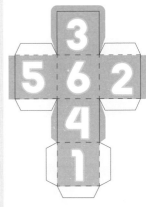

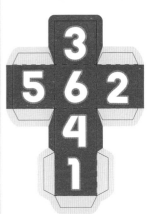

请沿虚线向外折

骰子沿黑色
实线剪下

游戏板沿红色
实线剪下

粘贴处

帕斯卡与他的计算器

叮叮
来自数学世界的小精灵，拥有进入书本世界的超能力。

小凌
小进的同学及好朋友。

小进
小学四年级，求知欲强，却经常碰壁。

帕斯卡
（1623—1662）
法国数学家
发明机械计算器

你们在做什么呀？

老师今天讲解了计算工具的发展。我们的作业是列出各种计算工具的优点和缺点。

漫画：姜智杰　剧本：汇识教育创作组

原来，计算工具有很多种，像算盘和计算器，背后的运作原理各有不同呢！

没错！古人为了方便计算，用各种方法制造了不同的计算工具，并不断改良。

叮叮，带我们去看看发明的过程吧！

赞成！

好！马上出发！

看着这本书！

啊啊啊！

哇哇哇！

中国 明朝

嘎

好痛啊！

这是什么
地方？

这是中国的明朝，
根据《算法统宗》
记载，中国在这个
时代之前，已经
使用算盘了。

看！那边有人在
使用算盘呢！

可以给我看看吗？

你是谁？

不好意思！

跟我们现在的算盘一样呢！

可以告诉我它怎样表示数字吗？

好啊……

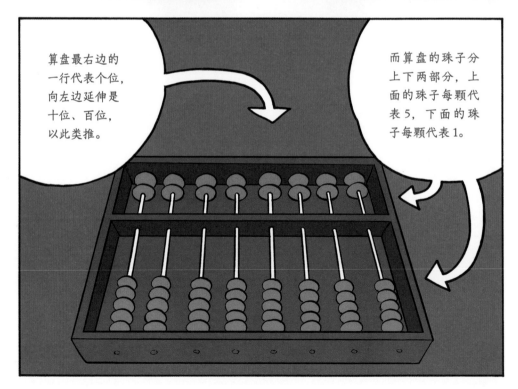

算盘最右边的一行代表个位，向左边延伸是十位、百位，以此类推。

而算盘的珠子分上下两部分，上面的珠子每颗代表5，下面的珠子每颗代表1。

像这样就代表 837 了！

这个表示数字的方法真方便呢！

用算盘计算加减的时候要像竖式一样对位，即个位对个位、十位对十位，才可加上或减去相应的珠子的数目。算盘还能计算乘法和除法呢！

算盘可以说是东方计算工具的代表呢！

那我们快去看西方的计算工具代表——计算器及其发明人帕斯卡吧！

好！看着这本书！

哇！

呀！

1642年 法国

你就是帕斯卡吗？可以给我看看你的计算器吗？

计算器？什么是计算器？

这时的帕斯卡，一直在研究几何，还没有发明计算器。

是吗？

由于帕斯卡的妈妈很早就去世了，他们父子一直相依为命。

他的爸爸现在是一名税务官呢！

你有什么烦恼吗?

唉……

爸爸的税务工作十分辛苦,数目又庞大,很容易出错,我很想帮助他啊!

你发明一台计算器不就能帮他工作了吗?

会计算的机器?

对啊!如果有一台机器能代替人手进行计算,就更加轻松方便了!

好!我一定要把这个机器制造出来!

帕斯卡共花了3年时间去制作计算器,我们去3年后看看吧!

1645 年 法国

我成功了!

你成功了什么?

我成功发明机械计算器了!

*也叫作帕斯卡计算器或加法器。

它叫 Pascaline*，是根据齿轮的原理制成的!

它怎样表示数字呢?

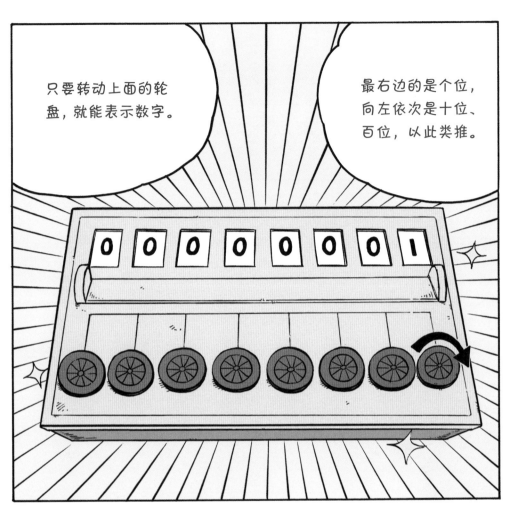

只要转动上面的轮盘，就能表示数字。

最右边的是个位，向左依次是十位、百位，以此类推。

像这样转，上方的窗口便会显示 376。

这计算器真特别!

对呢!

我要快点把这台计算器拿给爸爸试用一下!

再见!

再见!

帕斯卡真聪明,只花了3年时间就发明出计算器。

虽然帕斯卡发明了世上首台机械计算器,但这台机器依赖手动操作,加上经常发生故障,因此并不是十分流行。

那他有没有继续改良那台计算器呢?

没有啊,因为帕斯卡一向醉心于几何研究,他只是为了帮助爸爸才发明计算器,并为此十分自豪呢!

真可惜!

小进的家

原来计算器初期只能计算加减法呢!

帕斯卡的计算器功能简单,却为后世作出了很大的贡献!

对啊! 计算机也是参考它来发明的!

什么? 计算机跟计算器有关吗?

今天老师不是说过了吗? 还是你上课时在做白日梦啊?

啊? 嘻嘻……

帕斯卡的一生

迈向数学之路

帕斯卡于 1623 年在**法国**出生，他的父亲精于数理，但希望儿子先学好语文，所以**禁止**年幼的帕斯卡接触数学。

直到帕斯卡 12 岁时，无意中翻阅父亲的数学书籍，并展现出对**几何**的兴趣及天赋，才踏上研究数学的生涯。

一代数学家的陨落

32 岁的帕斯卡在严重的马车意外中大难不死，他认为这是神的**庇佑**，于是**放弃**数学，转向神学，只在牙痛时思考数学问题以减轻痛苦。

后来，帕斯卡常常头痛，妹妹去世后，悲伤使他的精神状况**日趋恶化**，行为也变得**极端**，当他觉得自己不虔诚时，甚至会刺痛自己。

他死时年仅 39 岁，结束了短暂又**传奇**的一生，不过，他发明的计算器和提出的数学理论已为后世作出了很大的贡献。

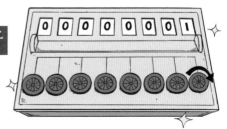

加减乘除·四则运算

速 算 法

加减乘除和四则运算是日常生活中最常用的算法，这里介绍的速算方法和计算顺序，全部学会的话，就能计算得快捷又准确！

加法

① 整 10 计算法

见右示例，先找出加起来等于 10 的数值: 5+5、7+3、2+8，最后剩余 6，如能做好标记则更能辅助速算。

$$5 + 6 + 7 + 5 + 2 + 3 + 8$$

$$= 10 + 10 + 10 + 6$$

$$= 36$$

在计算两位数加法时，先将数字分成个位和十位两组，运用整 10 计算法，分别求出个位和十位的和:

这样想比较容易计算。

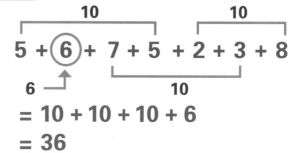

个位的和是 24

百	十	个
	2	4
+ 2	2	
2	4	4

然后

十位的和是 22

两者相加就速算出结果是 244

加法 ② 分拆再凑整数计算法

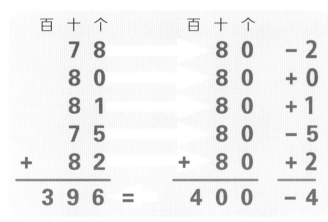

10
$$5 + 6 + 5 + 7 + ⑦$$

分拆 ←

$$5 + 6 + 5 + 7 + (3 + 4)$$
10   10
10

如果一开始只能找到少量的"整10"，可以试试将其余的数字"分拆"，再合并为10计算。

$$= 10 + 10 + 10$$
$$= 30$$

加法 ③ 加减变成整数计算法

试计算 **78 + 80 + 81 + 75 + 82**

百	十	个
	7	8
	8	0
	8	1
	7	5
+	8	2
3	9	6

=

百	十	个		
	8	0	−	2
	8	0	+	0
	8	0	+	1
	8	0	−	5
+	8	0	+	2
4	0	0	−	4

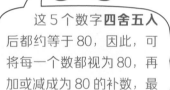

这5个数字**四舍五入**后都约等于80，因此，可将每一个数都视为80，再加或减成为80的补数，最后算出答案是396。

试计算 **303 + 298 + 75 + 112**

百	十	个
3	0	3
2	9	8
	7	5
+1	1	2
7	8	8

=

百	十	个		
3	0	0	+	3
3	0	0	−	2
	8	0	−	5
+1	0	0	+	12
7	8	0	+	8

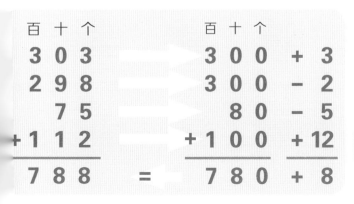

如果四舍五入出现不同的整数，也不要紧！用相同的整数计算法概念，也可速算出答案。

减法 ① 整数计算法

试计算

423 – 298

在减法中，同样可用加法的"整数计算法"。

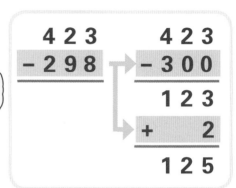

可改为 **=（423 – 300）+ 2**

298 是最接近的三位整数 300 减去 2，用 423 – 300 再补 2（即 + 2）即可。

试计算 **3723 – 992 – 1996**

可改为 **（3723 – 1000 – 2000）+ 8 + 4**

计算多位数字相减时，同样可以用整数计算法！

```
  3723        3723        3723
–  992      –1000       –3000
–1996       –2000        723
            +   8       +  12
            +   4        735
```

"以最接近的四位整数"的角度，992 是 1000 减 8，1996 是 2000 减 4，因此，将 3723 – 1000 – 2000 再补 8 和 4（即 + 12），就可以速算出答案。

减法 ② 分拆再凑数计算法

计算 100 以内减法，可将减数分拆为和被减数个位相同的数字，再减余下的数，这样心算会更快。

试计算 **85 – 38**

可改为 **85 – 35 – 3 = 50 – 3**

= 47

38 可以分拆成"35"和"3"，先计算 85 – 35，可轻松算出答案是 50，再减余下的 3 即可。

减法 ③ 补数计算法

大家在计算"**退位减法**"时，往往因退位而烦恼，拖慢计算速度。

如果用这个速算法，就可以快一点了！

试计算 **827 − 358**

先将百位及百位以下数字分隔。

```
百 | 十 个
8 | 2 7
− 3 | 5 8
```

$3 + 1 = 4$ 将百位加上1，变成4。

$100 − 58 = 42$

因为百位加上1，所以用100减去十位及个位上的数。

```
百 |  十 个
8 |  2 7
− 4 | + 4 2
4 |  6 9
```

答案 469

这样计算就避开了退位，心算快多了！

试计算 **421 − 298**

同样将百位及百位以下数字分隔开来。

```
百 | 十 个
4 | 2 1
− 2 | 9 8
```

$2 + 1 = 3$ 将百位加上1，变成3。

$100 − 98 = 2$

因为百位加上1，所以同样用100减十位和个位的数值，即100−98，等于2。

```
百 |  十 个
4 |  2 1
− 3 | + 0 2
1 |  2 3
```

98拥有十位和个位，但2只有个位，笔算时可补上0为02，防止看错数位。

另外，补数计算法只适用于退位减法！

乘法 ① **加减变成整数计算法**

试计算
$$13 \times 19$$
$$13 \times (20 - 1)$$
$$= 13 \times 20 - 13 \times 1$$
$$= 260 - 13$$
$$= 247$$

这是计算不相同的两位数相乘时常用的心算法，概念和前面的"加法"部分类似，可用"四舍五入法"分拆为加或减。

试计算
$$27 \times 32$$
$$27 \times (30 + 2)$$
$$= 27 \times 30 + 27 \times 2$$
$$= 810 + 54$$
$$= 864$$

乘法 ② **两位数自乘**

试计算 **54 × 54** 或 **54²**

在两位数自乘（即平方）时，也可用乘法❶速算法。

十	个
5	4
× 5	4
1	6

$$4 \times 4 = 16$$

先用54的个位自乘，即 4 × 4，然后把结果16写在最末二位。

千	百	十	个
		5	4
×		5	4
2	5	1	6

$$5 \times 5 = 25$$

再用54的十位自乘，即 5×5，然后把结果25写在16的左边的数位上。

千	百	十	个
		5	4
×		5	4
2	5	1	6
+	4	0	0
2	9	1	6

$$5 \times 4$$
$$\times 20$$
$$= 400$$

然后用十位 × 个位 × 20，即 5 × 4 × 20，再把结果 400 写在 2516 的下方。最后，把 400 和 2516 相加，得出答案 2916。

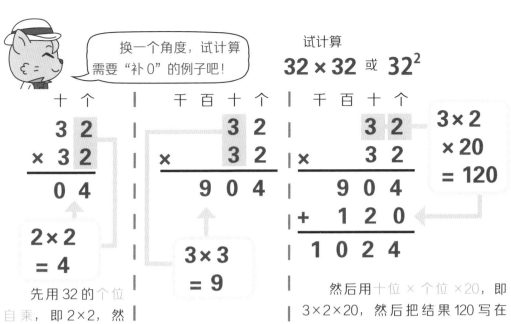

换一个角度，试计算需要"补0"的例子吧！

试计算
32 × 32 或 **32²**

十 个

$$
\begin{array}{r}
3\ 2 \\
\times\ 3\ 2 \\
\hline
0\ 4
\end{array}
$$

2 × 2 = 4

先用 32 的 个位 自乘，即 2×2，然后把结果 4 写在最末二位，并在 4 前补 0，变成 04，避免出错。

千 百 十 个

$$
\begin{array}{r}
3\ 2 \\
\times\ 3\ 2 \\
\hline
9\ 0\ 4
\end{array}
$$

3 × 3 = 9

再用 32 的 十位 自乘，把结果 9 写在 04 左边的数位上。

千 百 十 个

$$
\begin{array}{r}
3\ 2 \\
\times\ 3\ 2 \\
\hline
9\ 0\ 4 \\
+\ \ 1\ 2\ 0 \\
\hline
1\ 0\ 2\ 4
\end{array}
$$

3 × 2 × 20 = 120

然后用 十位 × 个位 ×20，即 3×2×20，然后把结果 120 写在 904 的下方。最后，把 904 和 120 相加，得出答案 1024。

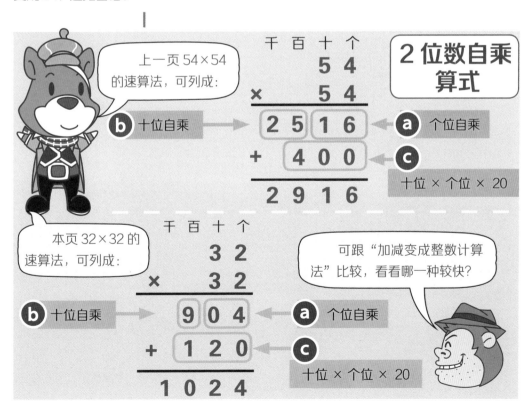

2 位数自乘算式

上一页 54×54 的速算法，可列成：

千 百 十 个

$$
\begin{array}{r}
5\ 4 \\
\times\ 5\ 4 \\
\hline
2\ 5\ 1\ 6 \\
+\ \ 4\ 0\ 0 \\
\hline
2\ 9\ 1\ 6
\end{array}
$$

b 十位自乘
a 个位自乘
c 十位 × 个位 × 20

本页 32×32 的速算法，可列成：

千 百 十 个

$$
\begin{array}{r}
3\ 2 \\
\times\ 3\ 2 \\
\hline
9\ 0\ 4 \\
+\ \ 1\ 2\ 0 \\
\hline
1\ 0\ 2\ 4
\end{array}
$$

b 十位自乘
a 个位自乘
c 十位 × 个位 × 20

可跟"加减变成整数计算法"比较，看看哪一种较快？

乘法 ③ 十位或更大数位相同的数字

除了前面的"加减变成整数计算法"，当某两个数字相乘，如果遇上十位、百位或更大数位数字相同的情况，也可以试用下面这种速算法。

如果各数位上的数字**不相同**，可直接用乘法❶ "加减变成整数计算法"。

试计算 33 × 31

分析：个位数字不同，但个位以外（即十位）都是 3。

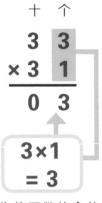

```
 十  个
 3   3
×3   1
─────
 0   3
```

3×1 = 3

先将两数的个位相乘，补上 0 后变成 03，对齐个位写下。

```
千 百 十 个
    3  3
×   3  1
─────────
    0  3
+1  0  2
```

被乘数 33
乘数的个位 1
个位以外相同的数 3

(33 + 1) × 3 = 102

计算（被乘数 + 乘数的个位）× 个位以外相同的数，再左移 1 个数位写下答案。

```
千 百 十 个
    3  3
×   3  1
─────────
    0  3
+1  0  2
─────────
 1  0  2  3
```

最后将个、十、百、千四个数位上的数垂直相加，得出答案。

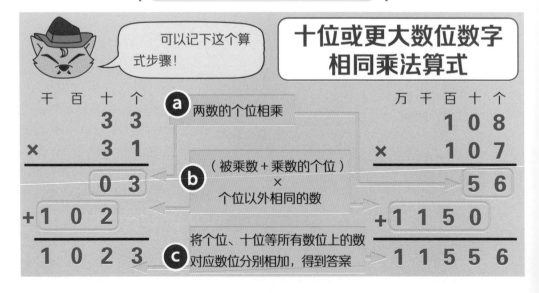

可以记下这个算式步骤！

十位或更大数位数字相同乘法算式

```
千 百 十 个
    3  3
×   3  1
─────────
    0  3
+1  0  2
─────────
 1  0  2  3
```

ⓐ 两数的个位相乘

ⓑ （被乘数 + 乘数的个位）× 个位以外相同的数

ⓒ 将个位、十位等所有数位上的数对应数位分别相加，得到答案

```
万 千 百 十 个
      1  0  8
×     1  0  7
────────────
         5  6
+1  1  5  0
────────────
 1  1  5  5  6
```

84

再计算
108 × 107

不同的三位数相乘：这两个数字的个位不同，但个位以外（即十位及百位）都是 10。

百 十 个

$$
\begin{array}{r}
1\ 0\ 8 \\
\times\ 1\ 0\ 7 \\
\hline
5\ 6
\end{array}
$$

↑

**8 × 7
= 56**

先将两数的个位相乘，将答案对齐个位写下。

万 千 百 十 个

$$
\begin{array}{r}
1\ 0\ 8 \\
\times\ 1\ 0\ 7 \\
\hline
5\ 6 \\
+\ 1\ 1\ 5\ 0
\end{array}
$$

被乘数 108

乘数的
个位 7

个位以外相
同的数 10

↑

(108 + 7) × 10 = 1150
计算（被乘数 + 乘数的个位）×
个位以外相同的数，再左移 1 个数
位写下答案。

万 千 百 十 个

$$
\begin{array}{r}
1\ 0\ 8 \\
\times\ 1\ 0\ 7 \\
\hline
5\ 6 \\
+\ 1\ 1\ 5\ 0 \\
\hline
1\ 1\ 5\ 5\ 6
\end{array}
$$

最后将个位至万位
上的数按数位分别
相加，得出答案。

乘法 ④ 个位是 5 的数的自乘

遇上个位是 5 的数的乘法该怎样算？其实跟之前方法类似呢！

个位是 5 的数字自乘（即平方）时，不论这个数有多大，都可用这个速算法。这次试着挑战三位数吧！

试挑战 **265 × 265** 或 **265^2**

万 千 百 十 个

$$
\begin{array}{r}
2\ 6\ 5 \\
\times\ 2\ 6\ 5 \\
\hline
7\ 0\ 2\ 2\ 5
\end{array}
$$

个位自乘

5 × 5 = 25

相乘的积写在最末
二位。

余下的数位 ×（余下的数位 + 1）

26 ×（26 + 1）

将结果 702 按数位写在 25 左侧的数位上，得出
答案 70225。

这一计算法比
"加减变成整数计算
法"更快！

除法

计算除法时可将除法变为乘法，见下方示例。这一概念也可以应用到整除 25 的计算法中：

例如 $100 \div 10$

$100 \div (20 \div 2)$

$= 100 \div \dfrac{20}{2}$

倒数

$= 100 \times \dfrac{2}{20}$

$= 100 \times 2 \div 20$

$= 100 \div 20 \times 2$

除以一个数可以改为除以括号内的某算式，如 $100 \div 10$ 可改为 $100 \div (20 \div 2)$，$20 \div 2$ 还可以写成分数 $\dfrac{20}{2}$，算式可变为 $100 \div \dfrac{20}{2}$。

利用倒数（颠倒分子与分母），除法可以变乘法，算式可变为 $100 \times \dfrac{2}{20}$。最后变成 $100 \div 20 \times 2$，答案是 10。

简化方法

思考 $100 \div (20 \div 2)$ 的同类算式，可拆去括号，并把括号内的除号变乘号，直接计算。

整除 25、50 的计算法

简单的一道除法算式，搞得这么复杂？

当除以 25、50 时，这个方法比较简便，有助于心算！

与 25 有关的除法

试计算 $875 \div 25$

$= 875 \div (100 \div 4)$

$= 875 \div 100 \times 4$

$= 875 \times 4 \div 100$

$= 3500 \div 100$

$= 35$

把 25 看成 $100 \div 4$，注意此时算式从左到右计算，即先乘、后除，才有正确答案。

除以 125 时也可以用这个方法。以下除以 50 的算法也一样，大家可以试一试！

与 50 有关的除法

试计算 $3450 \div 50$

$= 3450 \div (100 \div 2)$

$= 3450 \div 100 \times 2$

$= 3450 \times 2 \div 100$

$= 6900 \div 100$

$= 69$

四则混合运算 大混乱?

怎样算 先乘除、后加减

一着不慎，满盘皆输?

虽然大家都知道"先乘除后加减"，但不少人一开始的顺序就算错了，即使心算再怎么快速准确，整个算式答案都是错的!

计算四则运算时要"先乘除"，然后"再加减"，而且还要先算括号内的算式。在只有乘除或只有加减的算式中，应该按怎样的顺序计算?

试计算　$6 \div 2 \times (1 + 2)$

结果是 **1**，还是 **9**?

$6 \div 2 \times (1 + 2)$ ← 如果有括号，要先算括号里面的部分

$= 6 \div 2 \times 3$ ← 只有乘除或加减，从左到右顺序计算

$= 3 \times 3$

$= 9$ ✔

死记硬背"先乘后除"，**就会算错!**

$= 6 \div 2 \times 3$
$= 6 \div 6$　✘
$= 1$

试计算　$269 - 178 + 31$

你会算成错误答案 60 吗?

$269 - 178 + 31$
$= 91 + 31$
$= 122$　✔

只有乘除或加减时，从左到右顺序计算

$269 - 178 + 31$
$= 269 - 209$
$= 60$　✘

断章取义"后加减"，误以为"先加后减"，也会算错。

$269 - 178 + 31$
$= 269 + 31 - 178$
$= 300 - 178$
$= 122$

为什么左侧调换位置后用"整数计算法"没有错?

即使 269 由"被减数"变成"被加数"，但用对了"从左到右"的计算原则，最终答案就是正确的!

应用加减乘除

哼！就让我看看你如何解决！

M 博士又来找我们的麻烦了！别担心，只要运用学校所学的知识和本书的速算法，难题自然迎刃而解！

基础篇

草稿栏

1 小兔子一时粗心，算错了下面的数学题，你能帮他改正吗？

$$\begin{array}{r} 3274 \\ -\ 2938 \\ \hline 1346 \end{array}$$

答案：

2 下面是一道正确的竖式，但 M 博士拿走了两个数字，请填上正确的数字。

$$\begin{array}{r} 1275 \\ +\ 4\Box82 \\ \hline 56\Box7 \end{array}$$

3 M 博士有集邮的习惯，他原有邮票 2414 枚。他把其中的 1435 枚送给了朋友，还剩多少枚？

答案：

4 爱丽丝买了一袋糖果，里面有 48 颗，她把糖果平均分给 4 个朋友，每人会得到多少颗？

答案：

88

5 狐格森搬家了，买了一些新电器，包括洗衣机、冰箱和蓝光 DVD 机，参照图中的价格，他总共花了多少钱呢？

答案：

草稿栏

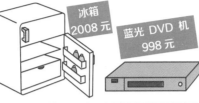

洗衣机 4999 元

冰箱 2008 元

蓝光 DVD 机 998 元

6 李大猩很喜欢看漫画，刚好遇到每本特价仅售 28 元，李大猩买了 7 本，总共应付多少钱？

答案：

7 福尔摩斯共有 575 份案件卷宗，一层购物架能放 25 份卷宗，他需要多少层的购物架呢？

答案：

8 华生去玩具店买礼物，他买了两个模型车和一个鲨鱼布偶，他该付多少钱呢？

答案：

水枪 59 元

模型船 329 元

小狗布偶 118 元

模型车 278 元

小兔布偶 178 元

鲨鱼布偶 158 元

9 游戏卡一包有 6 张，小兔子疯狂地买了 47 包，他分了 163 张给小树熊后，还剩下多少张游戏卡呢？

答案：

10 福尔摩斯光顾过的亚发酒馆设有仓库。仓库里存放了 6437 瓶啤酒，卖出 1355 瓶后，又运来 2500 瓶，现在仓库内有多少瓶？

答案：

应用加减乘除
哼！就让我看看你如何解决！

帮帮李大猩吧！

李大猩新买的帽子被 M 博士抢走了！只要答对下面两道四则运算题，M 博士就会归还帽子。

草稿栏

注意！
先计算括号内的算式。

1 $355 + (17 \times 8 - 23)$

答案：

2 $[120 \times (8 + 7)] \div 2$

答案：

3 爱丽丝的学校举办了一次步行筹款，参加人数有 34 人，共捐款 850 元，平均每人捐款多少元？

答案：

4 果园这个星期卖出了 24 箱苹果。如果每箱有 5 层，每层 12 个苹果，请问果园总共卖出了多少个苹果？

答案：

5 狐格森每天上下班的交通费为 11 元，他这个月上班 19 天，那么，他本月的交通费是多少？

答案：

6 伦敦举办电影节，每部电影的票价是 35 元，如果福尔摩斯想看完全部 35 部电影，他要付多少钱？

答案：

7 新年时，爱丽丝收到了 14 个 20 元的压岁钱红包，5 个 50 元的红包和 3 个 100 元的红包，她总共收到多少压岁钱？

答案：

8 在一次数学测验中，答对一道题得 2 分，答错一道扣 1 分。总共有 50 道题目，而班尼答对了 43 道。如果他得到 80 分或以上，妈妈就会奖励他一份礼物，请问他这次测验后能得到奖励吗？

答案：

9 华生报名湿地公园一日游的旅行团，当天共有 6 个团，每团有 42 名游客和 1 名导游。每辆旅游大巴只能坐 43 名乘客，要多少辆旅游大巴才能让所有人都坐下呢？

答案：

10 在联欢会中，老师订购了 10 盒三明治，每盒 12 个，平均分给全班 39 个同学后，还剩多少个三明治？

答案：

应用加减乘除

哼！就让我看看你如何解决！

要认真验算啊！

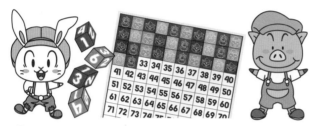

少年侦探队在玩"四则运算桌上游戏"的运算轮流转。

1 小兔子掷出 1、2、4、1，请列出算式，算出 13。

答案：

2 小胖猪掷出 1、3、4、6，请列出算式，算出 14。

答案：

3 狐格森帮妈妈办理入院手续，填表时要填妈妈的身份证号码，但他忘记了括号内的校验码，请帮他计算出正确的校验码。

答案：

病人资料

姓名：**狐妈妈**

身份证号：44052419800101006（？）*

＊此身份证号纯属虚构，只作计算之用。

草稿栏

"运算轮流转"

玩法：运用 + － × ÷ 及括号，组成算式，计算出指定答案。可任意调动数字位置。

详细玩法见第 54 页和第 55 页。

4 在超市购物，每满 20 元可获一个印花，房东太太已获得了 63 个印花，她又花了 835 元，现在她有多少个印花？

答案：

5 接上题，每 25 个超市印花可以换一套消毒防疫包，房东太太可以换多少套防疫包？

答案：

6 与福尔摩斯同一时代的英国维多利亚女王在 1819 年 5 月 24 日出生，她在 1870 年的生日是星期二，10 年后她的生日是星期几？

答案：

7 接上题，维多利亚女王出生的那一天是星期几？

答案：

8 李大猩在学生时代参加过橄榄球联赛，参赛学校有 64 所，联赛以淘汰制的形式进行，还包括一场季军战。这次联赛总共要进行多少场比赛？

答案：

"大侦探福尔摩斯"系列第 12 册《颈上的齿痕》提到了我在球场上的英姿！

9 接上题，如果联赛采取单循环制，总共要进行多少场比赛？

答案：

10

7 月 28 日 星期日		
本日收入		500 元
支出分类	项目	金额
食物	早餐	18 元
	午餐	36 元
文具	彩笔一盒	94 元
玩具	模型	82 元
衣服	裤子	79 元
本日支出		?

这是小兔子今天的收支表，他今天的总支出是多少？

答案：

答案

❶ 小兔子算错了，他忘记了退位，正确答案是：

$$
\begin{array}{r}
3\,2\,7\,4 \\
-\,2\,9\,3\,8 \\
\hline
3\,3\,6
\end{array}
$$

❷ 正确的数字分别是：

$$
\begin{array}{r}
1\,2\,7\,5 \\
+\,4\,3\,8\,2 \\
\hline
5\,6\,5\,7
\end{array}
$$

❸ M博士剩下的邮票数目 = 2414 − 1435
$$= 979（枚）$$

❹ 每人分得的糖果数目 = 48 ÷ 4
$$= 12（颗）$$

❺ 狐格森购买电器的总金额 = 4999 + 2008 + 998
$$= 8005（元）$$

同时，也可参考第80页的整数计算法速算：

$$
\begin{array}{rcccr}
5\,0\,0\,0 & -1 & \Rightarrow & & 4\,9\,9\,9 \\
2\,0\,0\,0 & +8 & \Rightarrow & & 2\,0\,0\,8 \\
+\,1\,0\,0\,0 & -2 & \Rightarrow & + & 9\,9\,8 \\
\hline
8\,0\,0\,0 & +5 & & & 8\,0\,0\,5
\end{array}
$$

❻ 李大猩总共应付的金额 = 28 × 7 = 196（元）

❼ 可参考第86页"与25有关的除法"来计算：
福尔摩斯需要的购物架层数 = 575 ÷ 25
$$= 575 ÷（100 ÷ 4）$$
$$= 575 ÷ 100 × 4$$
$$= 575 × 4 ÷ 100$$
$$= 2300 ÷ 100$$
$$= 23（层）$$

❽ 华生该付金额 = 278 × 2 + 158
$$= 714（元）$$

❾ 小兔子剩下的游戏卡数目 = 47 × 6 − 163
$$= 282 − 163$$
$$= 119（张）$$

❿ 现在仓库内的啤酒数目 = 6437 − 1355 + 2500
$$= 5082 + 2500$$
$$= 7582（瓶）$$

❶ 355 +（17 × 8 − 23）= 355 +（136 − 23）
$$= 355 + 113$$
$$= 468$$

❷ [120 ×（8 + 7）]÷ 2 =（120 × 15）÷ 2
$$=1800 ÷ 2$$
$$= 900$$

❸ 平均每人捐款 = 850 ÷ 34
$$= 25（元）$$

❹ 果园共卖出苹果 = 24 × 5 × 12
$$= 120 × 12$$
$$= 12 × 12 × 10$$
$$= 144 × 10$$
$$= 1440（个）$$

❺ 狐格森本月的交通费 = 11 × 19
$$= 209（元）$$

可参考第84页"十位或更大数位的数字相同"的速算法：

$$
\begin{array}{r}
1\,1 \\
\times\quad 1\,9 \\
\hline
0\,9 \quad \leftarrow\ 1×9 \\
+\,2\,0 \quad \leftarrow\ (11+9)×1 \\
\hline
2\,0\,9
\end{array}
$$

❻ 福尔摩斯要付的影票金额 = 35 × 35
$$= 1225（元）$$

可参考第85页"个位是5的数的自乘"计算：

$$
\begin{array}{r}
3\,5 \\
\times\quad 3\,5 \\
\hline
12\,|\,25 \qquad 5×5
\end{array}
$$

$$3×(3+1)$$

❼ 爱丽丝的压岁钱共有 = 14 × 20 + 5 × 50 + 3 × 100
$$= 280 + 250 + 300$$
$$= 830（元）$$

8 班尼的测验得分 = 43 × 2 − [（50 − 43）× 1]

= 86 −（7 × 1）

= 86 − 7

= 79 < 80

因此，班尼不能得到妈妈的奖励。

9 共要旅游大巴 = 6 ×（42 + 1）÷ 43

= 6 × 43 ÷ 43

= 6（辆）

10 12 × 10 ÷ 39 = 120 ÷ 39

= 3……3

因此，还剩 3 个三明治。

M博士向你下战书 挑战篇

1 用以下的算式就能计算出 13。

4 ×（2 + 1）+ 1

2 以下两种算式都能计算出 14。

3 × 6 − 4 × 1

6 × 3 × 1 − 4

3 参考第 21 页的身份证号校验码计算方法，先将身份证号的本体码分别乘以相应的系数，然后算出总和，即：

4 × 7 + 4 × 9 + 0 × 10 + 5 × 5 + 2 × 8 + 4 × 4 + 1 × 2 + 9 × 1 + 8 × 6 + 0 × 3 + 0 × 7 + 1 × 9 + 0 × 10 + 1 × 5 + 0 × 8 + 0 × 4 + 6 × 2

= 28 + 36 + 0 + 25 + 16 + 16 + 2 + 9 + 48 + 0 + 0 + 9 + 0 + 5 + 0 + 0 + 12

= 206

然后，将总和除以 11，即

206 ÷ 11 = 18……8

最后，对照校验码换算表，得出括号内的校验码为 4。

4 房东太太购物后可获印花 = 835 ÷ 20

= 41……15

现在她共有印花 = 63 + 41

= 104（个）

5 房东太太可换取防疫包 = 104 ÷ 25

= 4……4

她可换取 4 套防疫包。

6 维多利亚女王在 1870 年的生日是星期二，10 年后（1880 年）即加 10 天。

由于其间跨过 3 个闰年（1872、1876 和 1880 年）的闰日，须再加 3 天。总共加 13 天。

（10 + 3）÷ 7 = 1……6

余数是 6，因此，她在 1880 年的生日是星期二加上 6 天，即星期一。

7 女王于 1819 年 5 月 24 日出生。她在 1870 年的生日是星期二，这一年她的年龄是：

1870 − 1819 = 51（岁）

要计算 51 年前是星期几，就要减 51 天。

由于这 51 年内已跨过了 13 个闰年（1820、1824……1864、1868 年）的闰日，因此再减 13 天。

（51 + 13）÷ 7 = 64 ÷ 7

= 9……1

余数是 1，因此，她出生那天是星期二减 1 天，即星期一。

8 参考第 30 页的淘汰制比赛场数计算方法：

总需进行的比赛场数 =（64 − 1）+ 1

= 64（场）

9 参考第 28 页的单循环制比赛场数计算方法：

比赛场数 = [64 ×（64 − 1）] ÷ 2

=（64 × 63）÷ 2

= 2016（场）

10 小兔子今天的总支出 = 18 + 36 + 94 + 82 + 79

= 309（元）

可参考第 78 页的整 10 计算法：

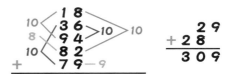

你们能通过这些挑战吗？

本书为香港正文社出版有限公司正式许可心喜阅信息咨询（深圳）有限公司授权重庆出版社在中华人民共和国境内
（香港、澳门及台湾地区除外）独家发行中文简体字版。非经书面同意，不得以任何形式转载和使用。

未经出版者书面许可，本书的任何部分不得以任何方式抄袭、节录或翻印。

版权所有，侵权必究。

版贸核渝字（2022）第171号

图书在版编目(CIP)数据

　　大侦探福尔摩斯·数学太好玩了.加减乘除超级读心术 /
厉河编. -- 重庆：重庆出版社, 2022.10（2024.4重印）
　　ISBN 978-7-229-17132-2

　　Ⅰ.①大… Ⅱ.①厉… Ⅲ.①数学－少儿读物 Ⅳ.
①O1-49

　　中国版本图书馆CIP数据核字(2022)第167839号

大侦探福尔摩斯 · 数学太好玩了：加减乘除超级读心术
DA ZHENTAN FUERMOSI · SHUXUE TAI HAOWAN LE: JIAJIANCHENGCHU CHAOJI DUXINSHU
厉河 编

策划执行：布悠岛（武汉）文化传媒有限公司
责任编辑：苏 杭 王 娟
责任校对：廖应碧
设计总监：王 中
装帧设计：杨丽村

 　重庆出版集团 出版
　　　　重庆出版社

重庆市南岸区南滨路162号1幢 邮政编码：400061 http://www.cqph.com
心喜阅信息咨询（深圳）有限公司出品
咨询热线：0755-82705599 http://www.lovereadingbooks.com
佛山市高明领航彩色印刷有限公司印刷
重庆出版集团图书发行有限公司发行
E-MAIL：fxchu@cqph.com 邮购电话：023-61520656
全国新华书店经销

开本：711mm×965mm 1/16 印张：6 字数：60千
2022年10月第1版 2024年4月第3次印刷
ISBN 978-7-229-17132-2
定价：35.00元

如有印装质量问题，请向本集团图书发行有限公司调换：023-61520678